湖北省主要林业有害昆虫
生态图鉴

主编　戴　丽

副主编　陈　亮

编委　（按姓氏笔画排序）

王少明	王作明	方　鹏	邓学基	古　剑
石巧珍	付应林	付春翼	冯春莲	吕晓君
朱明武	刘厚超	汤均友	杜　亮	李文乔
肖艳华	何少华	汪成林	汪宣振	张兴林
张红利	陈　军	陈鸿雁	罗治建	周友明
周席华	赵　飞	祝艳红	黄贤斌	章武星
曾　博	蔡明乾			

华中科技大学出版社
http://www.hustp.com
中国·武汉

图书在版编目(CIP)数据

湖北省主要林业有害昆虫生态图鉴/戴丽主编.—武汉：华中科技大学出版社,2021.5

ISBN 978-7-5680-6852-9

Ⅰ.①湖… Ⅱ.①戴… Ⅲ.①森林害虫-湖北-图解 Ⅳ.①S763.3-64

中国版本图书馆 CIP 数据核字(2021)第 068408 号

湖北省主要林业有害昆虫生态图鉴 戴 丽 主编

Hubei Sheng Zhuyao Linye Youhai Kunchong Shengtai Tujian

策划编辑：江 畅

责任编辑：史永霞

封面设计：孢 子

责任监印：朱 玢

出版发行：华中科技大学出版社(中国·武汉) 电话：(027)81321913

  武汉市东湖新技术开发区华工科技园 邮编：430223

印　　刷：武汉科源印刷设计有限公司

开　　本：880 mm×1230 mm　1/16

印　　张：7.25

字　　数：440 千字

版　　次：2021 年 5 月第 1 版第 1 次印刷

定　　价：259.00 元

前　言

2014—2017 年，湖北省林业有害生物防治检疫总站组织全省 17 个市州 102 个森防站进行全省林业有害生物的普查工作，工作中发现基层工作人员对于形态学相近的虫害难以鉴定，有的虫害资料较少，只有文字描述，图片极少，这对基层快速鉴定、及时拟订防治方案造成了极大的困扰。为解决这个问题，我们从普查收集的 10 目 136 科 869 种 2900 多张昆虫照片中，挑选了 102 种虫态较为完整的主要林业害虫的生态照片（部分未注明拍摄者和来源的为引用资料），汇编成册，用于指导基层工作人员进行快速识别和鉴定。

本书以"图"为主，收集的这 102 种虫害照片是湖北省近些年在生产中常见的常发性、偶发性等局部区域猖獗为害的害虫，整理出了它们的识别特征、生态图片等内容，图片选用时，综合考虑了不同虫态、不同分布区域、不同为害特征、不同发生时间、不同世代差异等因素，力求图片保真度高、涵盖范围广、为害特征典型。但是由于不同地区会出现不同的主要危害种类，同地区不同年份也会出现不同的主要危害类别；同时不同林业植物间的主要害虫，亦常交叉混杂，难分主次，因此书中所列害虫种类及编排目录，亦难免有遗漏和不妥之处。

本书中大量精美图片，皆为此次普查同志的无私奉献。在此感谢所有参与普查和参与此书编撰的同志，感谢你们为本书出版作出的巨大贡献。因编者水平有限，书中难免存在错误之处，敬请读者指正，不胜感激。

编者
2020 年 6 月

目 录

1. 黑翅土白蚁
Odontotermes formosanus Shiraki

等翅目 Isoptera 白蚁科 Termitidae

▲有翅生殖蚁　周丽丽　摄

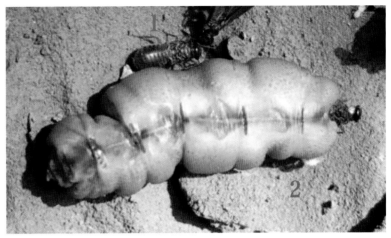

▲1. 蚁王　2. 蚁后　陈亮　摄

▲工蚁

▲兵蚁

◎【识别特征】

　　有翅生殖蚁体长 12～14 毫米，翅长 24～25 毫米，头、胸、腹背面黑褐色，前胸背板中有十字形纹，体有浓密的细毛，前后翅黑褐色，膜质长形，前后翅大小脉纹相同。

▲王台、蚁后　陈景升　摄

▲1.菌圃　2.鸡枞菌　宋超　摄

2. 黄脊雷篦蝗（黄脊竹蝗）
Rammeacris kiangsu Tsai

直翅目 Orthoptera 网翅蝗科 Arcypteridae

▲成虫　陈秀平　摄

▲低龄跳蝻　汪成林　摄

▲中龄跳蝻　汪宣振　摄

▲末龄跳蝻　汪成林　摄

▲成虫　汪成林　摄

▲为害状　汪成林　摄

◎【识别特征】

　　成虫:体绿、黄色为主,翅长过腹,头尖削,由头部至前胸背板中央有一黄色纵纹,愈向后愈宽。触角丝状,复眼卵圆形、深黑色。后足腿节粗大、黄绿色,端部有一黑色斑,两侧中部有排列整齐的"人"字形沟纹;胫节瘦小,有刺两排。卵:土黄色,长椭圆形,上端稍尖,中间稍弯曲。长径6～8毫米,棕黄色,有巢状网纹。卵囊圆筒形,长18～30毫米,土褐色。若虫:称跳蝻,体形似成虫,但无翅,共5龄。一龄体长约10毫米,浅黄色,头顶突出如三角形,触角尖端淡黄色,前胸背板后缘不向后突出。二龄体长11～15毫米,黄色,前胸背板后缘如一龄若虫,前后翅芽向后突出较为明显。三龄蝻前胸背板后缘略向体后延伸,翅芽显而易见,前翅芽呈狭长片状。四～五龄蝻前胸背板后缘显著向后延伸,将后胸大部分盖住。三～五龄蝻体长分别为16毫米、22毫米和26毫米,体色均为黑黄色,接近羽化为成虫时翠绿色。

3. 斑衣蜡蝉
Lycorma delicatula White

半翅目 Hemiptera 蜡蝉科 Fulgoridae

▲成虫　江建国　摄

▲低龄若虫　罗刚　摄

◎【识别特征】

体长 15～25 毫米，翅展 40～50 毫米，体灰褐色；前翅革质，基部约三分之二为淡褐色，翅面具有 20 个左右的黑点；端部约三分之一为深褐色；后翅膜质，基部鲜红色，具有黑点，端部黑色。体翅表面附有白色蜡粉。头角向上卷起，呈短角突起。雄性翅颜色偏蓝色，雌性翅偏米色。

4. 蚱蝉
Cryptotympana atrata Fabricius

半翅目 Hemiptera 蝉科 Cicadidae

▲成虫　肖云丽　摄

▲成虫　蔡红英　摄

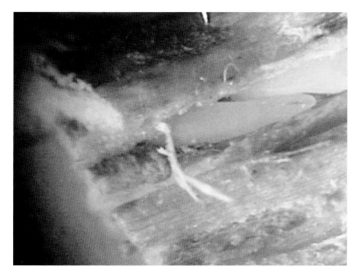

▲卵　丁强　摄

▲若虫　丁强　摄

◎【识别特征】

　　雄虫体长而宽,长44～48毫米,翅展125毫米,雌虫稍短;黑色,有光泽。头部横宽,中央向下凹陷,颜面顶端及侧缘淡黄褐色。复眼1对,大而横宽,呈淡黄褐色;单眼3个,位于复眼中央,排列呈三角形。触角短小,位于复眼前方。前胸背板两侧边缘略扩大,中胸背板有2个隐约的中央线状锥形斑,斑块淡赤褐色。

5. 板栗大蚜
Lachnus tropicalis Van der Goot

半翅目 Hemiptera 大蚜科 Lachnidae

▲无翅孤雌蚜　肖艳华　摄

▲无翅孤雌蚜、若虫　阮建军　摄

▲为害板栗 谢志强 摄　　　　　　　　　　　　▲为害板栗 万召进 摄

◎【识别特征】

　　无翅孤雌蚜体长3～5毫米,黑色,体背密被细长毛,腹部肥大呈球形;有翅孤雌蚜体略小,黑色,腹部色淡。翅痣狭长,翅有两型:一型翅透明,翅脉黑色;另一型翅暗色,翅脉黑色,前翅中部斜至后角有2个透明斑,前缘近顶角处有1个透明斑。

6. 吹绵蚧
Icerya purchasi Maskell

半翅目 Hemiptera 珠蚧科 Margarodidae

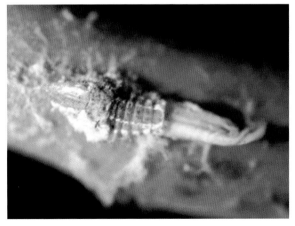

▲若虫 肖艳华 摄

◎【识别特征】

　　雌成虫橘红色,背面附有白色蜡粉,腹部末端有半圆形白色绵状卵囊。雄成虫细长、暗红色,有灰黑色前翅一对,后翅及口器退化,飞翔力不强。

7. 栗绛蚧
Kermes nawae Kuwana

半翅目 Hemiptera 绛蚧科 Kermesidae

▲雌蚧 卢宗荣 摄

▲板栗受害状 丁强 摄

◎【识别特征】

雌成虫近球形,长和高 3.5～5 毫米,宽 4.5～6.5 毫米。体壁硬化,褐至栗色,背面有 5～6 条黑色横带,第 2、3 横带前亚中部各有 1 对圆斑,腹面与寄主相接处有白色蜡质物。

8. 栗新链蚧
Neoasterodiaspis castaneae Russell

半翅目 Hemiptera 链蚧科 Asterolecaniidae

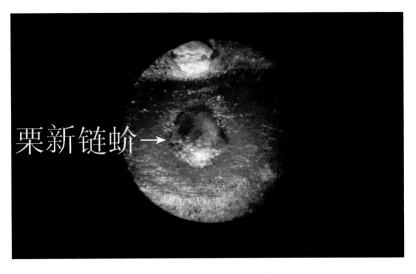

▲雌蚧(显微照) 丁强 摄

▲枝受害状 丁强 摄

◎【识别特征】

别名:栗树柞链蚧。雌成虫:体近卵形或圆形,虫体长 0.7～0.9 毫米,宽 0.5～0.7 毫米。触角具 1 根长毛。喙具 2 对毛。肛孔位于腹面,肛环呈圆形,无肛环毛,臀瓣略显露。体缘有 8 字腺组成的单列链,此链尾端没伸达臀瓣毛的位置。五孔腺形成单列链,伸达体缘 8 字腺列链末端位置。管状腺分布于体背面。喙每侧有 5～10 个暗框 8 字腺,个别可分布在口或体侧。亚缘毛 1 列伸达缘 8 字腺列链末端。

9. 松针红蜡蚧
Ceroplastes rubens Maskell

半翅目 Hemiptera 蜡蚧科 Coccidae

▲雌蚧、若虫　丁强　摄

▲针叶受害状　丁强　摄

◎【识别特征】

　　蜡壳椭圆形,长约 4 毫米,高约 2.5 毫米,初为深玫瑰色,成熟后逐渐变红色,老熟时体背中央隆起呈半球形,4 个气门有 4 条白蜡带由腹面向上卷起,背部中央有一白色脐状点。雌成虫紫红色、半球形,触角 6节,第 3 节最长。

10. 日本龟蜡蚧
Ceroplastes japonicus Green

半翅目 Hemiptera 蜡蚧科 Coccidae

▲雌成虫、若虫　丁强　摄

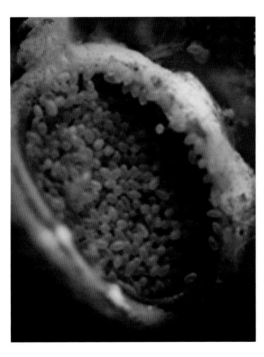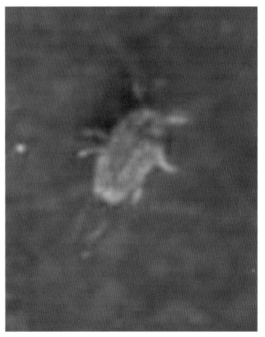

▲卵　　　　　　　　　　　　　　▲初孵若虫

◎【识别特征】

　　雌成虫：壳长3~4毫米,宽2~4毫米,高约1毫米,体外蜡壳很厚,白色或灰色。蜡壳圆形或椭圆形,壳背向上盔形隆起,表面有凹陷,将背面分割成龟甲状板块,形成中心板块和8个边缘板块,每个板块的近边缘处有白色小角状蜡丝突。产卵期蜡壳背面隆起,呈半球形,分块变得模糊。虫体卵圆形,长1~4毫米,黄红、血红至红褐色。背部稍突起,腹面平坦,尾端具尖突起。触角多为6节,前、后气门刺群相连接。

▲雄蛹　　　　　　　　　▲雄成虫

11. 日本壶链蚧
Asterococcus muratae Kuwana

半翅目 Hemiptera 壶蚧科 Cerococcidae

▲ 1. 雌成虫　2. 若虫　卢宗荣　摄

◎【识别特征】

　　雌成虫蜡壳外形似一紫藤编制的茶壶,长4～5毫米,高3～4毫米,大小变化大,红褐色,有螺旋状横环纹8～9圈和放射状白蜡纵带4～5条,白蜡纵带从壶顶发出直到壶底,后方有一短小的壶嘴状突起,壶顶有红褐色若虫蜕皮壳一个。虫体倒梨形或近圆形,长3～4毫米,黄褐色,腹末尖细,有长锥状尾斑2个;体膜质,背突起略呈半球形,腹面平坦或微凹,虫体包于硬质蜡壳内。

12. 日本草履蚧
Drosicha corpulenta Kuwana

半翅目 Hemiptera 珠蚧科 Margarodidae

▲ 1. 雌成虫　2. 雄成虫　罗先祥　摄

▲雌虫腹面　袁锦安　摄　　　　　　　▲若虫　阮建军　摄

◎【识别特征】

　　雌成虫体长 7.8～10 毫米，宽 4～5.5 毫米，椭圆形，形似草鞋，背略突起，腹面平，体背暗褐色，边缘橘黄色，背中线淡褐色，触角和足亮黑色；体分节明显，胸背 3 节，腹背 8 节，多横皱褶和纵沟，体被细长的白色蜡粉。雄成虫体紫红色，长 5～6 毫米，翅 1 对，翅展约 10 毫米，淡黑至紫蓝色，前缘脉红色；触角 10 节，除基部 2 节外，其他各节生有长毛，毛呈三轮形，头部和前胸红紫色，足黑色，尾广瘤长，2 对。

13. 麻皮蝽
Erthesina fullo Thunberg

半翅目 Hemiptera 蝽科 Pentatomidae

▲成虫　蔡明乾　摄

▲1. 初孵化若虫　2. 卵壳　罗智勇　摄

▲1. 低龄若虫　2. 卵壳　罗先祥　摄

▲末龄若虫　余红波　摄

◎【识别特征】

　　体长 20～25 毫米，宽 10～11.5 毫米。体黑褐色，密布黑色刻点及细碎不规则黄斑。头部狭长，侧叶与中叶末端约等长，侧叶末端狭尖。触角 5 节黑色，第 1 节短而粗大，第 5 节基部 1/3 为浅黄色。喙浅黄 4 节，末节黑色，达第 3 腹节后缘。头部前端至小盾片有 1 条黄色细中纵线。前胸背板前缘及前侧缘具黄色窄边。胸部腹板黄白色，密布黑色刻点。各腿节基部 2/3 浅黄，两侧及端部黑褐，各胫节黑色，中段具淡绿色环斑，腹部侧接缘各节中间具小黄斑，腹面黄白，节间黑色，两侧散生黑色刻点，气门黑色，腹面中央具一纵沟，长达第 5 腹节。

14. 樟颈曼盲蝽
Mansoniella cinnamomi Zheng et Liu

半翅目 Hemiptera 盲蝽科 Miridae

▲成虫　李传仁　摄

◎【识别特征】

　　长椭圆形，有明显光泽。雌、雄非常相似，雄虫略小。头黄褐色，头顶中部有一隐约的浅红色横带，前端中央有一黑色大斑。复眼发达，黑色。颈黑褐色。喙淡黄褐色，末端黑褐色，被淡色毛。触角珊瑚色。

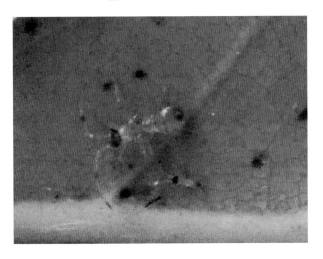

▲若虫　李传仁　摄

15. 悬铃木方翅网蝽
Corythucha ciliate Say

半翅目 Hemiptera 网蝽科 Tingidae

▲成虫　付应林　摄

▲受害状　黄大勇　摄

◎【识别特征】

　　虫体乳白色,在两翅基部隆起处的后方有褐色斑;体长 3.2～3.7 毫米,头兜发达,盔状,头兜的高度较中纵脊稍高;头兜、侧背板、中纵脊和前翅表面的网肋上密生小刺,侧背板和前翅外缘的刺列十分明显;前翅显著超过腹部末端,静止时前翅近长方形;足细长,腿节不加粗;后胸臭腺孔远离侧板外缘。

16. 黑竹缘蝽
Notobitus meleagris Fabricius

半翅目 Hemiptera 缘蝽科 Coreidae

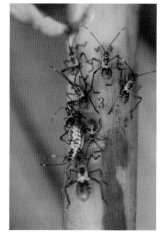

▲1.成虫　2.卵　3.若虫　江建国　摄

◎【识别特征】

体长 18～25 毫米,深褐色至黑色,触角第 4 节、前足胫节、各足跗节棕色。

17. 松褐天牛(松墨天牛)
Monochamus alternatus Hope

鞘翅目 Coleoptera 天牛科 Cerambycidae

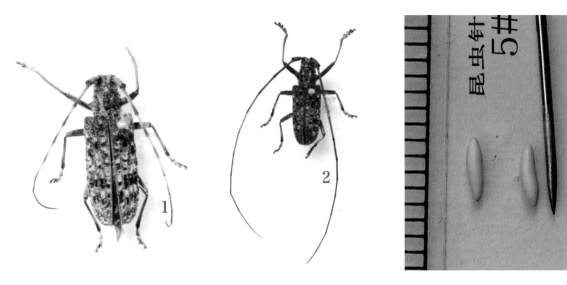

▲1. 雌成虫　2. 雄成虫　卢宗荣　摄　　　　▲卵　丁强　摄

▲幼虫　江建国　摄

▲1. 蛹　2. 蛹室　张建华　摄

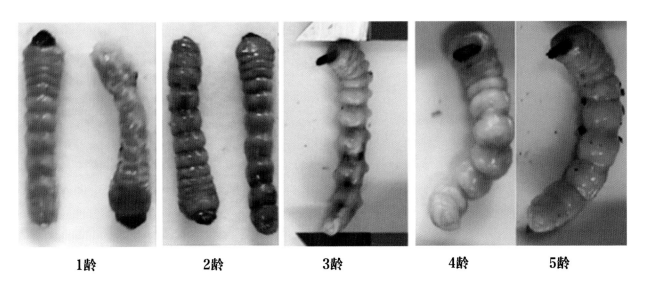

| 1龄 | 2龄 | 3龄 | 4龄 | 5龄 |

▲分龄级幼虫　卢宗荣　摄

◎【识别特征】

    体长 15～28 毫米,橙黄色至赤褐色。触角栗色,雄虫触角比雌虫的长。前胸背板 2 条较宽的橙黄色纵纹与 3 条黑色绒纹相间。小盾片密被橙黄色绒毛。每个鞘翅上有 5 条纵纹,由方形或长方形黑色及灰白色绒毛斑点相间组成。

18. 云斑白条天牛
Batocera lineolata Chevrolat

鞘翅目 Coleoptera 天牛科 Cerambycidae

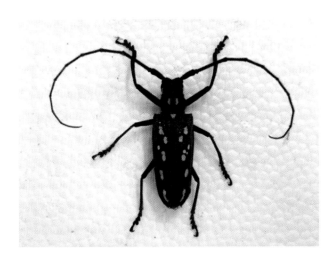

▲雌成虫　丁强　摄

▲雄成虫　万召进　摄

▲卵　郭先梅　摄　　　　▲老熟幼虫　江建国　摄　　　　▲蛹　付春翼　摄

◎【识别特征】

　　体长 32～65 毫米,宽 9～20 毫米。体黑褐色至黑色,密被灰白色至灰褐色绒毛。雄虫触角超过体长 1/3,雌虫触角略长于体,每节下沿都有许多细齿,雄虫从第 3 节起,每节的内端角并不特别膨大或突出。前胸背板中央有一对肾形白色或浅黄色毛斑,小盾片被白毛。鞘翅上具不规则的白色或浅黄色绒毛组成的云片状斑纹,一般列成 2～3 纵行,以外面一行数量居多,并延至翅端部。鞘翅基部 1/4 处有大小不等的瘤状颗粒,肩刺大而尖,微指向后上方。

19. 桑天牛(桑粒肩天牛)
Apriona germari Hope

鞘翅目 Coleoptera 天牛科 Cerambycidae

▲成虫　祝艳红　摄

▲卵　方斌　摄　　　　　　　　　　　▲幼虫　王建敏　摄

◎【识别特征】

　　成虫体长 34～46 毫米。体和鞘翅黑色,被黄褐色短毛,头顶隆起,中央有 1 条纵沟。上颚黑褐色,强大锐利。触角比体稍长,顺次细小,柄节和梗节黑色,以后各节前半黑褐色,后半灰白色。前胸近方形,背面有横的皱纹,两侧中间各具 1 个刺状突起。鞘翅基部密生颗粒状小黑点。足黑色,密生灰白短毛。雌虫腹末 2 节下弯。

20. 双条杉天牛
Semanotus bifasciatus Motschulsky

鞘翅目 Coleoptera 天牛科 Cerambycidae

▲成虫　　　　　　　　　　▲卵　　　　　　　　　　▲幼虫

◎【识别特征】

　　体长 9～15 毫米,宽 2.9～5.5 毫米。体型扁,黑褐色。头部生有细密的刻点,雄虫触角略短于体长,雌虫触角为体长的 1/2。前胸两侧弧形,具有淡黄色长毛,背板上有 5 个光滑的小瘤突,前面 2 个圆形,后面 3 个尖叶形,排列成梅花状。鞘翅上有 2 条棕黄色或驼色横带,前带后缘及后带色浅,前带宽约为体长的 1/3,末端圆形。腹部末端微露于鞘翅外。

21. 粗鞘双条杉天牛
Semanotus sinoauster Gressitt

鞘翅目 Coleoptera 天牛科 Cerambycidae

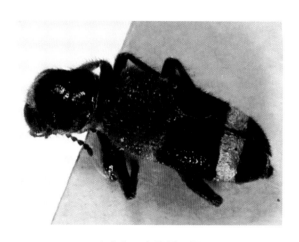

▲成虫 章武星 摄

▲为害状 丁强 摄

◎【识别特征】

体长 10～25 毫米,体宽 4.5～7 毫米。扁平,头和前胸黑色,前胸具浓密淡黄色绒毛。触角和足黑褐色,鞘翅棕黄色,每翅中部和末端各有 1 个大黑斑,有时中部黑斑不接触中缝。体腹面棕色。触角较短,雄虫触角不超过体长,雌虫仅达体长的一半。前胸背板有 5 个光滑瘤突,排列成梅花形。鞘翅末端圆形,基部刻点粗大,略显皱痕,其余翅面刻点较小。

与双条杉天牛极其相似,两者的主要区别是:双条杉天牛体一般较小,鞘翅色泽淡黄褐,基部刻点较细,主要为害柏树,多分布于北方;粗鞘双条杉天牛体一般较大,鞘翅色泽棕黄,基部刻点粗皱,主要为害杉树,多分布于南方。

22. 蓝墨天牛
Monochamus guerryi Pic

鞘翅目 Coleoptera 天牛科 Cerambycidae

▲ 雌、雄成虫　陈景升　摄

▲ 1.卵　2.老熟幼虫　3.蛹　卢宗荣　摄

▲板栗受害状　卢宗荣　摄

◎【识别特征】

　　体长 16~24 毫米,体宽 6~9 毫米。体黑色,被淡蓝色或略淡蓝绿色绒毛。触角第 3 节以后各节端部黑色;前胸背板中央具 1 黑色短纵斑,两侧各具 1 小黑斑点;鞘翅基部具黑色粒状刻点,其余部分具黑色弯曲微隆起脊纹,与淡蓝色绒毛相间组成弯曲状花纹。额宽胜于长;复眼下叶短于颊;触角基瘤突出甚高,两者之间深凹,头顶中央具 1 无毛纵线;触角雄长于体长 3/4,雌稍超体长,柄节粗短,端疤关闭式。前胸背板横宽,侧刺突较细;中区两侧刻点较粗密。小盾片半圆形。鞘翅显宽于前胸,两侧近平行,后端稍窄,翅端圆。中胸腹板凸片具微小突起。雄腹末节短阔,后缘平直。雌腹末节后缘中部内凹。两侧微呈突片,着生浓密黑竖毛。足粗短,后腿伸达第 3 腹节。

23. 桃红颈天牛
Aromia bungii Faldermann

鞘翅目 Coleoptera 天牛科 Cerambycidae

◎【识别特征】

体黑色,有光亮;前胸背板红色,背面有4个光滑疣突,具角状侧枝刺;鞘翅翅面光滑,基部比前胸宽,端部渐狭。雄虫有两种色型:一种是虫体黑色发亮和前胸棕红色的"红颈型";另一种是全体黑色发亮的"黑颈型"。两型在湖北均有分布。成虫体长28~37毫米,体黑色发亮,前胸背面大部分为光亮的棕红色或完全黑色。头黑色,腹面有许多横皱,头顶部两眼间有深凹。触角蓝紫色,基部两侧各有一叶状突起。前胸两侧各有刺突一个,背面有4个瘤突。鞘翅表面光滑,基部较前胸宽,后端较狭。雄虫身体比雌虫小,前胸腹面密布刻点,触角超过虫体5节;雌虫前胸腹面有许多横皱,触角超过虫体2节。

▲成虫 江建国 摄

▲幼虫 付应林 摄

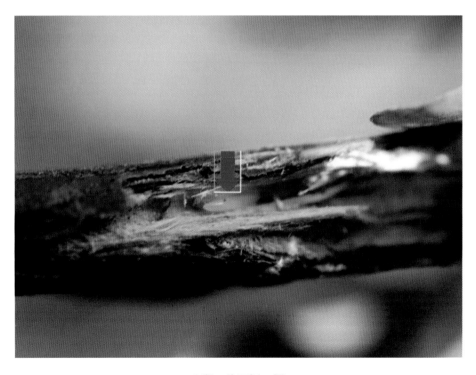

▲卵 徐正红 摄

24. 星天牛
Anoplophora chinensis Forster

鞘翅目 Coleoptera 天牛科 Cerambycidae

▲成虫　汪宣振　摄

▲成虫　余红波　摄

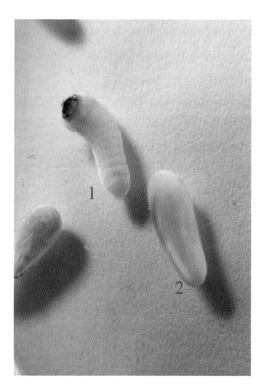

▲1. 初孵幼虫　2. 卵　刘心宏　摄

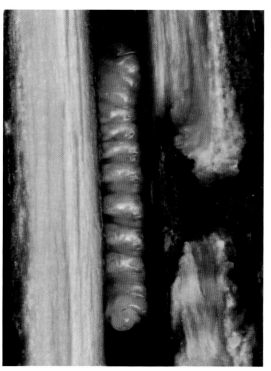

▲老熟幼虫　江建国　摄

◎【识别特征】

体长 50 毫米，头宽 20 毫米。体翅亮黑色，前胸背板左右各有一个白点，鞘翅散生许多白点，白点大小个体差异颇大。

25. 光肩星天牛
Anoplophora glabripennis Motschulsky

鞘翅目 Coleoptera 天牛科 Cerambycidae

▲成虫　王建敏　摄　　　　　　　▲成虫　李罡　摄

◎【识别特征】

　　体长 17～39 毫米,漆黑色,带紫铜色光泽。前胸背板有皱纹和刻点,两侧各有一个棘状突起。翅鞘上有十几个白色斑纹,翅基部光滑,无瘤状颗粒。

26. 黄斑星天牛
Anoplophora nobilis Ganglbauer

鞘翅目 Coleoptera 天牛科 Cerambycidae

◎【识别特征】

　　体长 14～40 毫米,宽 6.8～12 毫米,雌虫较雄虫肥大。前胸背板和鞘翅略带古铜或青绿等光泽。小盾片、鞘翅上绒毛斑呈乳黄色至姜黄色,少数为污白色。翅面上毛斑大小不等,排成不规则的 5 横行。

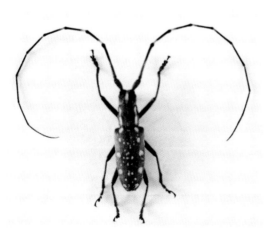

▲成虫　陈传红　摄

27. 栗山天牛
Mallambyx raddei Blessig

鞘翅目 Coleoptera 天牛科 Cerambycidae

▲雌成虫　陈杰　摄

▲雄成虫　王立华　摄

◎【识别特征】

　　体长 40～60 毫米,宽 10～15 毫米,灰褐色,被棕黄色短毛。头部向前倾斜,下颚顶端节末端钝圆,复眼小,眼面较粗大。触角 11 节,近黑色,第 3、4 节端部膨大成瘤状。雄虫触角长度约为体长的 1.5 倍,雌虫触角约为体长的 2/3。头顶中央有一条深纵沟。复眼黑色。前胸两侧较圆,有皱纹,无侧刺突,背面有许多不规则的横皱纹,鞘翅周缘有细黑边,后缘呈圆弧形,内缘角生尖刺。足细长,密生灰白色毛。

28. 柳蓝叶甲(柳蓝圆叶甲)
Plagiodera versicolora Laicharting

鞘翅目 Coleoptera 叶甲科 Chrysomelidae

▲雌成虫　江建国　摄

▲雌、雄成虫　江建国　摄

▲初孵幼虫　江建国　摄

▲老熟幼虫　江建国　摄

◎【识别特征】

　　体长 4 毫米左右,近圆形,深蓝色,具金属光泽,头部横阔,触角 6 节,基部细小,余各节粗大,褐色至深褐色,上生细毛;前胸背板横阔光滑。鞘翅上密生略成行列的细刻点,体腹面、足色较深、具光泽。

29. 杨蓝叶甲（杨毛臀萤叶甲东方亚种）
Agelastica alni orientalis Baly

鞘翅目 Coleoptera 叶甲科 Chrysomelidae

▲成虫　江建国　摄

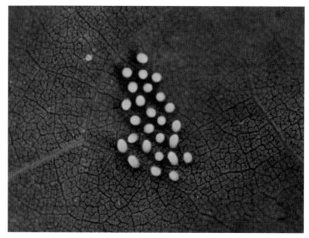

▲卵　江建国　摄

▲初孵幼虫　汪成林　摄

▲幼虫　江建国　摄

◎【识别特征】

　　体长 7～7.5 毫米，椭圆形，蓝黑色，具紫色光泽。鞘翅蓝色。密生成行刻点。

30. 榆紫叶甲(榆紫金花虫)

Ambrostoma quadriimpressum Motschulsky

鞘翅目 Coleoptera 叶甲科 Chrysomelidae

◎【识别特征】

体长 10.5～11 毫米。近椭圆形,鞘翅中央后方较宽,背面呈弧形隆起。前胸背板及鞘翅上有紫红色与金绿色相间的光泽。腹面紫色,有金绿色光泽。头部及 3 对足深紫色,有蓝绿色光泽。复眼及上颚黑色。触角细长,11 节,棕褐色。前胸背板矩形,宽度约为长度的两倍。两侧扁凹,具粗而深的刻点。鞘翅上密被刻点,小盾片平滑。腹部的腹面可见 5 节。雄虫第 5 腹板末端呈弧形凹入,形成一向内凹入的新月形横缝,雌虫第 5 腹节末端钝圆。

▲成虫 李华 摄

▲幼虫 李华 摄

31. 核桃扁叶甲
Gastrolina depressa Baly

鞘翅目 Coleoptera 叶甲科 Chrysomelidae

▲雌成虫 卢宗荣 摄

▲雄成虫 江建国 摄

▲卵块 温清 摄

▲幼虫 赵兵 摄

◎【识别特征】

　　体长 5~7 毫米。体型长方,背面扁平。前胸背板淡棕黄,头、鞘翅蓝黑,触角、足全部黑色。腹部暗棕,外侧缘和端缘棕黄,头小,中央凹陷,刻点粗密,触角短,端部粗,节长约与端宽相等。鞘翅每侧有 3 条纵肋,各足跗节与爪基部腹面呈齿状突出。

32. 栗实象
Curculio davidi Fairmaire

鞘翅目 Coleoptera 象甲科 Curculionidae

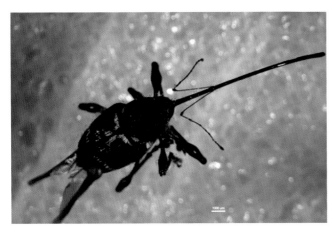

▲雌成虫　王立华　摄

▲雄成虫　肖云丽　摄

▲幼虫　丁强　摄

◎【识别特征】

　　雌虫体长 7.2～9.3 毫米,雄虫 6.1～8.4 毫米,体灰黑色,头黑色,基部着生复眼,先端着生头管。头管为圆柱形,先端为口器。触角膝状,着生在头管的 1/2(♂)或 1/3(♀)处。头部与前胸交接处有鳞片组成的白色斑纹。前翅长 4～6 毫米,灰黑色,后翅褐色。腹部褐色。

33. 板栗雪片象
Niphades castanea Chao

鞘翅目 Coleoptera 象甲科 Curculionidae

▲成虫　王立华　摄

▲幼虫　曾进　摄

▲栗实受害状　曾进　摄

▲栗苞受害状　曾进　摄

◎【识别特征】

　　体长 9～11 毫米,虫体布有浅褐色短毛。头管粗短而弯曲,黑色,约为体长的 1/4。触角着生在头管近末端。胸部黑色,稍有光泽。前胸背板有许多瘤突。翅鞘浅黑褐色,前部有许多铁锈色与白色相间的小点,后部有 1 白色带纹。鞘翅上有不连续突起的黑色瘤点多列,靠两翅交界处的两列较为明显。腹部黑色,稍有光泽。

34. 剪枝栎实象
Cyllorhynchites ursulus Roelofs

鞘翅目 Coleoptera 齿颚象科 Rhynchitidae

▲成虫 江建国 摄

▲成虫 江建国 摄

▲卵 江建国 摄

◎【识别特征】

成虫体长 5.4～8.2 毫米,长椭圆形,蓝黑色,鞘翅上的白色短柔毛稀疏且行纹明显。触角感觉器长矛状。额背面的刚毛仅有 2 对。头盖背面无刚毛。上唇及基部较窄。

35. 核桃横沟象
Dyscerus juglans Chao

鞘翅目 Coleoptera 象甲科 Curculionidae

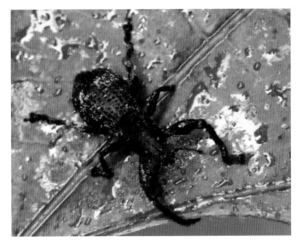

▲成虫 张建华 摄

▲幼虫 付群 摄

▲根部受害状 肖艳华 摄

▲根部受害状 付群 摄

◎【识别特征】

　　成虫体长 11~16 毫米，宽 6~7 毫米。体黑色，无光泽；在每鞘翅前端 1/3 处由外缘至第 5 行间的部分和翅坡部分，由黄褐色毛状鳞片各组成一横列窄带，翅瘤后及中足基节间突起，各有鳞片一撮；喙、足、鞘翅外缘和腹面的鳞片大部或全部为白色。雌虫触角着生于喙的前端 1/4 处，雄虫触角着生于喙的前端 1/6 处。

36. 核桃长足象
Alcidodes juglans Chao

鞘翅目 Coleoptera 象甲科 Curculionidae

▲成虫 付春翼 摄

▲雌、雄成虫 付春翼 摄

▲老熟幼虫 陈景升 摄

▲蛹 陈景升 摄

◎【识别特征】

成虫体长 9～12 毫米，体宽 4.4～4.8 毫米。体黑色，略带光泽，被稀薄而分裂成 2～5 叉的白色鳞片，唯鞘翅端部 1/3 鳞片较密集。鞘翅沟间 3、5 的前半端和沟间 4、7 的基部显著隆起。雌虫触角着生于喙的中部，雄虫触角着生于喙的前端 1/3 处。

37. 一字竹象
Otidognathus davidis Fairmaire

鞘翅目 Coleoptera 象甲科 Curculionidae

▲成虫　伍兰芳　摄

▲成虫(黑色型)　伍兰芳　摄

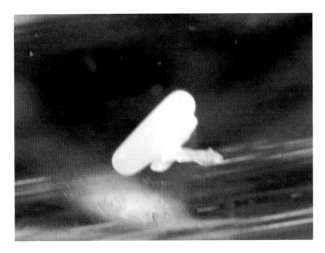

▲卵　伍兰芳　摄

▲幼虫　伍兰芳　摄

◎【识别特征】

　　雌虫体长 14.5～21.8 毫米,雄虫体长 12.4～19.6 毫米;体棱形,雌虫初羽化为乳白色,渐变为淡黄色;雄虫赤黄色,头黑色;复眼椭圆形,黑色;管状喙稍向下弯曲,黑色,雌虫喙长 5.4～7.4 毫米,细长,表面光滑、发亮;雄虫喙长 4.4～7.5 毫米,粗短,有刺状突起,上方有 1 条沟,沟两侧为 2 列齿状突起。触角膝状,柄节长约 3 毫米,鞭节 7 节,末节膨大成靴状,靴底为锈黄色。前胸背板隆起,呈圆球形,正中有 1 个棱形黑斑,后缘弯曲成弓形。鞘翅正中各有黑斑 1 个,前缘近基部 1/3 处各有黑斑 1 个,肩角、外角、内角黑色。

38. 萧氏松茎象
Hylobitelus xiaoi Zhang

鞘翅目 Coleoptera 象甲科 Curculionidae

◎【识别特征】

体暗黑色，胫节端部、跗节和触角暗褐色。前胸背板被覆赭色毛状鳞片，鳞片在前胸背板的前缘和小盾片上部较密。鞘翅上的毛状鳞片形成两行斑点。鞘翅的其他部分被覆同样的鳞片。足和身体腹面被覆黄白色毛状鳞片。

▲成虫　鄢超龙　摄

▲卵

▲幼虫　张建华　摄

▲蛹

▲湿地松受害状　姚青　摄

▲湿地松受害状　丁强　摄

39. 华山松大小蠹
Dendroctonus armandi Tsai et Li

鞘翅目 Coleoptera 小蠹科 Scolytidae

▲成虫　段昌林　摄

▲蛹　段昌林　摄

▲蛀道凝脂孔　赵青　摄　　　　　　　　　▲受害状　丁强　摄

◎【识别特征】

　　体长 4.4～4.5 毫米，长椭圆形，黑褐色。眼长椭圆形。触角 3 节，锤状，短椭圆形。额面下半部突起显著，突起中心有点状凹陷；额面的刻点粗浅，点形不清晰，点间有凸起颗粒，额毛略短，以额面凸起顶部为中心向四周倒伏。背板的刻点细小，绒毛柔软，毛梢倒向背中线。鞘翅长度为前胸背板长度的 2.4 倍，为两翅合宽的 1.7 倍。沟中刻点圆大、模糊、稠密；沟间部略隆起，上面密布粗糙的小颗粒，各沟间部当中有一列颗瘤；沟间部的绒毛红褐色，翅前部较短密，翅后部较疏长，排列不甚规则。

40. 桃蛀螟
Conogethes punctiferalis Guenée

鳞翅目 Lepidoptera 草螟科 Crambidae

▲雌成虫　祁凯　摄 ▲雄成虫　罗智勇　摄

▲中龄幼虫　江建国　摄 ▲老熟幼虫　肖艳华　摄

◎【识别特征】

　　成虫体长约12毫米,翅展22～25毫米,黄色至橙黄色,体、翅表面具许多黑斑点,似豹纹:胸背有7个,腹背第1节和第3～6节各有3个横列,第7节有时只有1个,第2、8节无黑点,前翅25～28个,后翅15～16个,雄虫第9节末端黑色,雌虫不明显。

41. 黄翅缀叶野螟(杨黄卷叶螟)
Botyodes diniasalis Walker

鳞翅目 Lepidoptera 草螟科 Crambidae

▲成虫 王立华 摄

▲成虫 丁强 摄

◎【识别特征】

成虫体长 12 毫米,翅展约 30 毫米。体黄色,头部褐色,两侧有白条。触角淡褐色。胸、腹部背面淡黄褐色。雄成虫腹末有 1 束黑毛。翅黄色,前翅亚基线不明显,内横线穿过中室,中室中央有 1 个小斑点,斑点下侧有 1 条斜线伸向翅内缘,中室端脉有 1 块暗褐色肾形斑及 1 条白色新月形纹,外横线暗褐色、波状,亚缘线波状。后翅有 1 块暗色中室端斑,有外横线和亚缘线。前、后翅缘毛基部有暗褐色线。

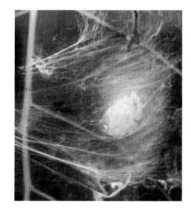

▲卵 熊涛 摄

▲低龄幼虫 丁强 摄

▲中龄幼虫 郭先梅 摄

▲老熟幼虫 张爱珠 摄

▲1.预蛹 2.蛹 郭先梅 摄

39

42. 黄杨绢野螟

Diaphania perspectalis Walker

鳞翅目 Lepidoptera 草螟科 Crambidae

▲成虫 肖云丽 摄

▲老熟幼虫 阮建军 摄

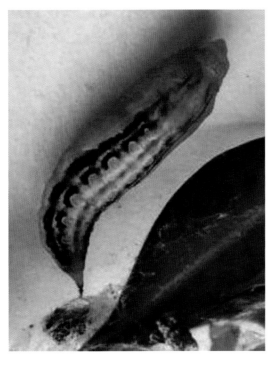

▲预蛹 胡小龙 摄

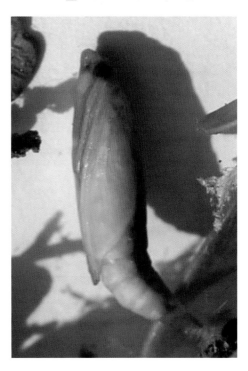

▲蛹 徐正红 摄

◎【识别特征】

　　成虫体长14～19毫米,翅展33～45毫米;头部暗褐色,头顶触角间的鳞毛白色;触角褐色。下唇须第1节白色,第2节下部白色,上部暗褐色,第3节暗褐色。胸、腹部浅褐色,胸部有棕色鳞片,腹部末端深褐色。翅白色、半透明,有紫色闪光,前翅前缘褐色,中室内有2个白点,一个细小,另一个弯曲成新月形,外缘与后缘均有一褐色带,后翅外缘边缘黑褐色。

43. 楸螟
Omphisa plagialis Wileman

鳞翅目 Lepidoptera 草螟科 Crambidae

▲成虫 肖云丽 摄

▲幼虫

▲蛹 汪成林 摄

◎【识别特征】

　　成虫体长约 15 毫米,翅展约 36 毫米,体灰白色,头部及胸、腹各节边缘处略带褐色。翅白色,前翅基部有黑褐色锯齿状二重线,内横线黑褐色,中室内及外端各有 1 个黑褐色斑点,中室下方有 1 个不规则近于方形的黑褐色大型斑,近外线处有黑褐色波状纹 2 条,缘毛白色;后翅有黑褐色横线 3 条,中、外横线的前端与前翅的波状纹相接。

44. 微红梢斑螟
Dioryctria rubella Hampson

鳞翅目 Lepidoptera 螟蛾科 Pyralidae

▲成虫 肖云丽 摄　　　　▲幼虫 王立华 摄　　　　▲蛹 丁强 摄

▲球果受害状 周勇 摄　　　　　　▲马尾松梢受害状 罗智勇 摄

◎【识别特征】

　　成虫体长 10～16 毫米,翅展 22～23 毫米。体灰褐色。触角丝状。前翅灰褐色,有 3 条灰白色波状横纹,中室有 1 个灰白色肾形斑,后缘近内横线内侧有 1 个黄斑,外缘黑色。后翅灰白色。足黑褐色。

45. 竹织叶野螟
Algedonia coclesalis Walker

鳞翅目 Lepidoptera 螟蛾科 Pyralidae

▲成虫 余小军 摄

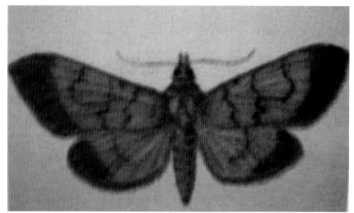

▲成虫

▲中龄幼虫 邓学基 摄

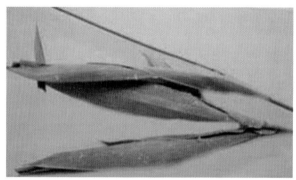

▲受害状

◎【识别特征】

成虫体长 9～13 毫米,翅展 22～26 毫米,黄色或黄褐色。端线与外端线合并成 1 条深褐色宽带,另有 3 条深褐色横线,外横线下半段内倾,与中横线相接。

46. 缀叶丛螟

Locastra muscosalis Walker

鳞翅目 Lepidoptera 螟蛾科 Pyralidae

▲成虫

▲低龄幼虫　罗智勇　摄

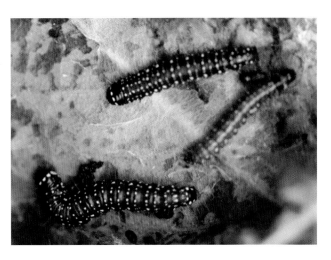

▲中龄幼虫　阮建军　摄

◎【识别特征】

　　成虫体长 14～20 毫米,翅展 35～50 毫米,体黄褐色。前翅色深,稍带淡红褐色,有明显的黑褐色内横线及曲折的外横线,横线两侧靠近前缘处各有黑褐色斑点 1 个。前翅前缘中部有 1 个黄褐色斑点,后翅灰褐色,越接近外缘颜色越深。

47. 叶瘤丛螟
Orthaga achatina Butler

鳞翅目 Lepidoptera 螟蛾科 Pyralidae

▲成虫

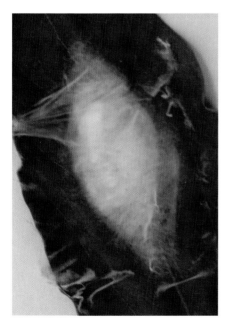

▲茧 祝艳红 摄

▲幼虫 罗先祥 摄

◎【识别特征】

　　成虫体长 16～18 毫米,黄褐色。触角第 1 节及第 2 节基部外侧黑色,第 2、3 节端部及第 4 节中部黑棕色。喙第 2 节短于第 3 节,第 3 节与第 4 节约等长。前胸背板侧缘黑色,中胸及后胸侧板上各具 1 个黑色斑点。前翅革片外缘淡黄色,无黑色边缘。全身刻点深色。

48. 茶袋蛾
Clania minuscula Butler

鳞翅目 Lepidoptera 蓑蛾科 Psychidae

▲雄成虫　肖云丽　摄

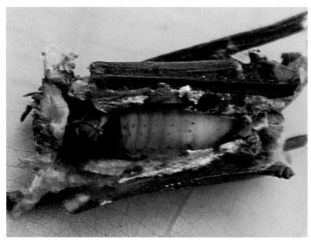

▲中龄幼虫　罗智勇　摄

▲老熟幼虫　付春翼　摄

▲蛹　郭先梅　摄

◎【识别特征】

雄成虫体长 10～15 毫米,翅展 23～26 毫米,体暗褐色,前翅脉两侧色较深,外缘中前方有 2 个长方形透明斑。体密被鳞毛,胸部有 2 条白色纵纹。雌成虫体长 12～16 毫米,乳白色,胸部有显著的黄褐色斑,腹部肥大,第 4 节至第 7 节周围有淡黄色绒毛。

49. 大袋蛾
Clania vartegata Snellen

鳞翅目 Lepidoptera 蓑蛾科 Psychidae

▲雄成虫　肖德林　摄

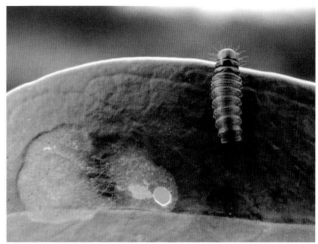

▲幼虫　喻卫国　摄

▲老熟幼虫　付群　摄

▲越冬代囊　赵琴　摄

◎【识别特征】

　　雌雄异形。雌成虫无翅，乳白色，肥胖呈蛆状，头小、黑色、圆形，触角退化为短刺状，棕褐色，口器退化，胸足短小，腹部 8 节均有黄色硬皮板，节间生黄色鳞状细毛。雄虫有翅，翅展 26～33 毫米，体黑褐色，触角羽毛状，前、后翅均有褐色鳞毛，前翅有 4～5 个透明斑。

50. 重阳木锦斑蛾
Histia rhodope Cramer

鳞翅目 Lepidoptera 斑蛾科 Zygaenidae

◎【识别特征】

成虫体长 17～24 毫米，翅展 47～70 毫米。头小，红色，有黑斑。触角黑色，双栉齿状，雄蛾触角较雌蛾触角宽。前胸背面褐色，前、后端中央红色。中胸背黑褐色，前端红色，近后端有 2 条红色斑纹，或连成"U"字形。前翅黑色，反面基部有蓝光。后翅亦黑色，自基部至翅室近端部（占翅长 3/5）蓝绿色。前后翅反面基斑红色。后翅第二中脉和第三中脉延长成一尾角。

▲成虫 伍兰芳 摄

▲成虫、幼虫 江建国 摄

▲茧 丁强 摄

▲成虫

51. 褐边绿刺蛾
Latoia consocia Walker

鳞翅目 Lepidoptera 刺蛾科 Limacodidae

▲雌成虫　潘明胜　摄

▲雄成虫　肖德林　摄

▲低龄幼虫　王峰　摄

▲中龄幼虫　罗智勇　摄

◎【识别特征】

　　成虫体长 15～16 毫米,翅展约 36 毫米。头和胸部绿色,复眼黑色。雄触角棕色,栉齿状,基部 2/3 为短羽毛状;雌虫触角褐色,丝状。胸部中央有 1 条暗褐色背线。前翅大部分绿色,基部暗褐色,外缘部灰黄色,其上散布暗紫色鳞片,内缘线和翅脉暗紫色,外缘线暗褐色。腹部和后翅灰黄色。

49

▲老熟幼虫　江建国　摄

▲1.茧　2.蛹　丁强　摄

52.两色绿刺蛾
Latoia bicolor Walker

鳞翅目 Lepidoptera 刺蛾科 Limacodidae

▲成虫　王立华　摄

▲雄成虫

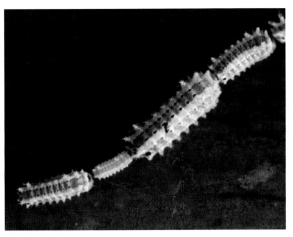

▲幼虫　罗先祥　摄

◎【识别特征】

　　雌成虫体长 13～19 毫米,翅展 37～44 毫米,雄成虫体长 14～16 毫米,翅展 30～34 毫米,头顶、前胸背面绿色,腹部棕褐色。雌虫触角丝状,雄虫栉齿状,末端 2/5 为丝状。

53. 扁刺蛾
Thosea sinensis Walker

鳞翅目 Lepidoptera 刺蛾科 Limacodidae

▲雌成虫　肖云丽　摄

▲雄成虫　王立华　摄

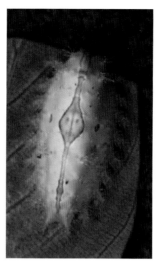

▲中龄幼虫　周国珍　摄　　　　▲老熟幼虫　肖艳华　摄　　　　▲茧　丁强　摄

◎【识别特征】

　　雌蛾体长13～18毫米,翅展28～35毫米。体暗灰褐色,腹面及足的颜色更深。前翅灰褐色,稍带紫色,中室的前方有一明显的暗褐色斜纹,自前缘近顶角处向后缘斜伸。雄蛾中室上角有一黑点(雌蛾不明显)。后翅暗灰褐色。

54. 黄刺蛾
Monema flavescens Walker

鳞翅目 Lepidoptera 刺蛾科 Limacodidae

▲成虫　王立华　摄　　　　　　　　　　▲雌成虫

▲初孵幼虫　肖艳华　摄

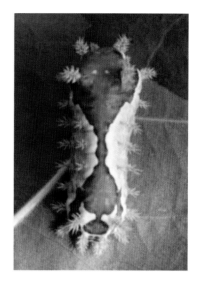

▲中龄幼虫　张爱珠　摄

▲老熟幼虫　丁强　摄

▲茧

◎【识别特征】

　　成虫头、胸部黄色,腹部黄褐色,前翅内半部黄色,外半部褐色,两条暗褐色横线从翅尖同一点向后斜伸,后缘基部1/3处和横脉上各有一个暗褐色圆形小斑。

55. 茶尺蠖
Ectropis obliqua hypulina Wehrli

鳞翅目 Lepidoptera 尺蛾科 Geometridae

▲成虫 席瑞 摄

▲幼虫 丁强 摄

◎【识别特征】

　　成虫体长 9～12 毫米,翅展 20～30 毫米,雄蛾较小。头部小,复眼黑色、近球形,触角灰褐色、丝状。体灰白色,头胸背面厚被鳞片和绒毛,翅面疏被黑褐色鳞片,前翅具黑褐色鳞片组成的内横线、外横线、亚外缘线、外缘线各 1 条,弯曲成波状纹,外缘线色稍深,沿外缘具黑色小点 7 个。外缘及后缘有灰白色缘毛。后翅稍短,外缘生有 5 个黑点,缘毛灰白色。足灰白色,杂有黑色鳞片,中足胫节末端、后足中央及末端各生距一对。

56. 油桐尺蠖
Buzura suppressaria Guenee

鳞翅目 Lepidoptera 尺蛾科 Geometridae

▲雌成虫 李罡 摄

▲雄成虫 王立华 摄

▲幼虫 罗智勇 摄

▲蛹

◎【识别特征】

　　雌成虫体长 24～25 毫米, 翅展 67～76 毫米。触角丝状。体翅灰白色, 密布灰黑色小点。翅基线、中横线和亚外缘线系不规则的黄褐色波状横纹, 翅外缘波浪状, 具黄褐色缘毛。足黄白色。腹部末端具黄色绒毛。雄成虫体长 19～23 毫米, 翅展 50～61 毫米。触角羽毛状, 黄褐色, 翅基线、亚外缘线灰黑色, 腹末尖细。其他特征同雌成虫。

57. 春尺蠖
Apocheima cinerarius Erschoff

鳞翅目 Lepidoptera 尺蛾科 Geometridae

▲雄成虫　罗智勇　摄

▲卵块　罗智勇　摄

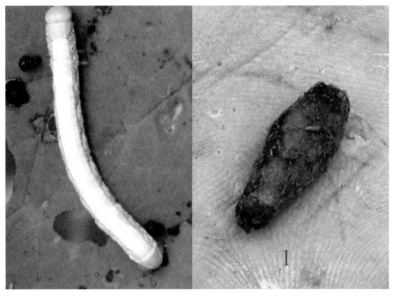

▲幼虫　罗智勇　摄

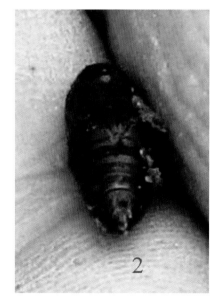

▲ 1.雌蛹　2.雄蛹　罗智勇　摄

◎【识别特征】

　　雄成虫翅展 28～37 毫米,体灰褐色,触角羽毛状。前翅淡灰褐色至黑褐色,有 3 条褐色波状横纹,中间 1 条常不明显。雌成虫无翅,体长 7～19 毫米,触角丝状,体灰褐色,腹部背面各节有数目不等的成排黑刺,刺尖端圆钝,臀板上有突起和黑刺列。因寄主不同体色差异较大,可由淡黄色至灰黑色。

58. 核桃举肢蛾
Atrijuglans hetaohei Yang

鳞翅目 Lepidoptera 举肢蛾科 Heliodinidae

▲雌成虫　付群　摄

▲雄成虫　肖德林　摄

▲中龄幼虫　江建国　摄

▲老熟幼虫　付春翼　摄

◎【识别特征】

　　成虫体长5～8毫米,翅展12～14毫米,黑褐色,有光泽。复眼红色。触角丝状,淡褐色。下唇须发达,银白色,向上弯曲,超过头顶。翅狭长,缘毛长,前翅端部1/3处有1半月形白斑,基部1/3处有1椭圆形小白斑。腹部背面有黑白相间的鳞毛,腹面银白色。足白色,后足长,胫节和跗节具有环状黑色毛刺,静止时胫、跗节向侧后方上举,并不时摆动,故名"举肢蛾"。

59. 马尾松毛虫
Dendrolimus punctata Walker

鳞翅目 Lepidoptera 枯叶蛾科 Lasiocampidae

▲雌、雄成虫 高嵩 摄

▲卵块 丁强 摄

▲3 龄幼虫 丁强 摄

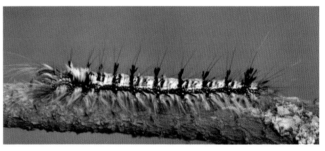

▲老熟幼虫 丁强 摄

▲茧 杨毅 摄

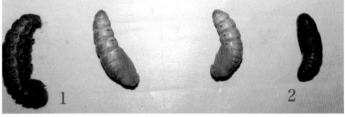

▲1.预蛹 2.蛹 丁强 摄

◎【识别特征】

成虫体色变化较大,有深褐、黄褐、深灰和灰白等色。体长 20～30 毫米,头小,下唇须突出,复眼黄绿色。雌成虫触角短栉齿状,翅展 60～70 毫米;雄成虫触角羽毛状,翅展 49～53 毫米。前翅较宽,外缘呈弧形弓出,翅面有 5 条深棕色横线,中间有一白色圆点,外横线由 8 个小黑点组成。

60. 思茅松毛虫
Dendrolimus kikuchii Matsumura

鳞翅目 Lepidoptera 枯叶蛾科 Lasiocampidae

▲成虫 丁强 摄

▲卵 甄爱国 摄

▲低龄幼虫 丁强 摄

▲老熟幼虫 丁强 摄

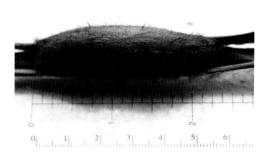

▲茧 丁强 摄

▲蛹 龚天奎 摄

◎【识别特征】

　　雌成虫体长 25～46 毫米,翅展 68～121 毫米,体色较雄成虫浅,黄褐色。雄成虫体长 22～41 毫米,翅展 53～78 毫米,棕褐色至深褐色。前翅基至外缘平行排列 4 条黑褐色波状纹,亚外缘线由 8 个近圆形的黄色斑组成,中室白斑明显,雄成虫白斑至基角之间有 1 肾形大而明显黄斑,雌成虫无黄斑。

61. 云南松毛虫
Dendrolimus grisea Moore

鳞翅目 Lepidoptera 枯叶蛾科 Lasiocampidae

▲成虫　余红波　摄

▲卵粒　梁国章　摄

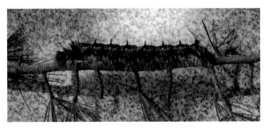

▲幼虫　朱清松　摄

▲老熟幼虫　肖德林　摄

▲ 1.茧　2.预蛹　3.蛹　丁强　摄

◎【识别特征】

成虫灰褐色,体长 32～47 毫米,翅展 73～130 毫米。雌成虫灰褐色,前翅中室末端白点较清楚,内横线与中线不太明显,外横线两条,前端为弧形,后端呈波状,亚外缘斑列最后两斑的连线约与翅顶角相交。雄成虫色泽较深,横线斑纹不明显。

62. 油茶枯叶蛾
Lebeda nobilis Walker

鳞翅目 Lepidoptera 枯叶蛾科 Lasiocampidae

▲雌成虫 肖云丽 摄

▲雄成虫 王立华 摄

▲幼虫

◎【识别特征】

雌成虫翅展 75～95 毫米,雄成虫翅展 50～80 毫米。体色变化较大,有黄褐、赤褐、茶褐、灰褐等色,一般雄成虫体色较雌成虫深。前翅有 2 条淡褐色斜行横带,中室末端有 1 个银白色斑点,臀角处有 2 条黑褐色斑纹;后翅赤褐色,中部有 1 条淡褐色横带。

63. 栗黄枯叶蛾
Trabala vishnou vishnou Lefebvre

鳞翅目 Lepidoptera 枯叶蛾科 Lasiocampidae

▲雌成虫 顾勇 摄

▲雄成虫 王立华 摄

▲1. 茧 2. 成虫

◎【识别特征】

  雌成虫体长 25～38 毫米,翅展 70～95 毫米,头部黄褐色,触角短双栉齿状;复眼球形,黑褐色。胸部背面黄色,前翅内、外横线之间为鲜黄色,中室有 1 个近三角形的黑褐色小斑,后缘和自基线到亚外缘间又有 1 个近四边形的黑褐色大斑,亚外缘线处有 1 条由 8～9 个黑褐色小斑组成的断续的波状横纹。后翅灰黄色。雄成虫体长 22～27 毫米,翅展 54～62 毫米,绿色或黄绿色。

▲中龄幼虫 卢宗荣 摄

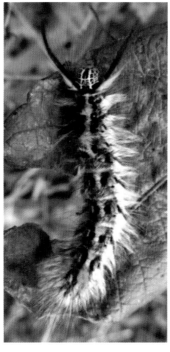

▲老熟幼虫 陈亮 摄

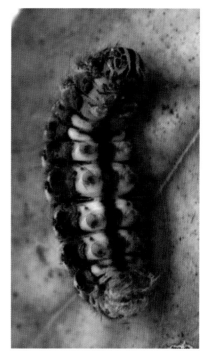

▲预蛹 罗智勇 摄

64. 银杏大蚕蛾
Dictyoploca japonica Moore

鳞翅目 Lepidoptera 大蚕蛾科 Saturniidae

▲雌成虫 余红波 摄

▲雄成虫 朱清松 摄

◎【识别特征】

　　成虫体长 25～60 毫米,翅展 90～150 毫米,体灰褐色或紫褐色。雌成虫触角栉齿状,雄成虫羽毛状。前翅内横线紫褐色,外横线暗褐色,两线近后缘外汇合,中间呈三角形浅色区,中室端部具月牙形透明斑。后翅从基部到外横线间具较宽红色区,亚缘线区橙黄色,缘线灰黄色,中室端处生 1 大眼状斑,斑内侧具白纹。

后翅臀角处有 1 白色月牙形斑。

▲卵块　张兴林　摄

▲1.低龄幼虫　2.中龄幼虫　3.老龄幼虫　张兴林　摄

▲预蛹　徐正红　摄

▲茧、蛹 丁强 摄

▲为害状 陈亮 摄

65. 野蚕蛾
Theophila mandarina Moore

鳞翅目 Lepidoptera 蚕蛾科 Bombycidae

▲雌成虫 王立华 摄

▲中龄幼虫 罗智勇 摄

▲老熟幼虫 罗智勇 摄

▲茧 罗智勇 摄

◎【识别特征】

中小型,前翅灰褐色,翅面有 1 条黑褐色内弯的弧线,翅端褐色区域最鲜艳。栖息时常见两翅内缘张开,露出整个腹部。

66. 樗蚕蛾
Samia cynthia cynthia Drurvy

鳞翅目 Lepidoptera 大蚕蛾科 Saturniidae

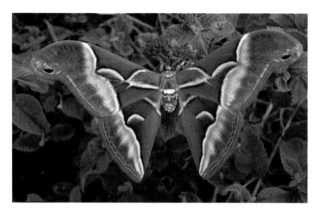

▲成虫   ▲成虫 高嵩 摄

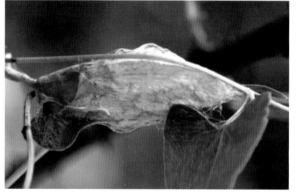

▲老熟幼虫 江建国 摄   ▲茧 丁强 摄

▲预蛹 丁强 摄

◎【识别特征】

　　成虫体长 25～33 毫米,翅展 127～130 毫米。体青褐色。头部四周、颈板前端、前胸后缘、腹部背面、侧线及末端都为白色。腹部背面各节有白色斑纹 6 对,其中间有断续的白纵线。前翅褐色,前翅顶角后缘呈钝钩状,顶角圆而突出,粉紫色,具有黑色眼状斑,斑的上边为白色弧形。前后翅中央各有一个较大的新月形斑,斑上缘深褐色,中间半透明,下缘土黄色;外侧具一条纵贯全翅的宽带,宽带中间粉红色、外侧白色、内侧深褐色、基角褐色,其边缘有一条白色曲纹。

67. 樟蚕
Eriogyna pyretorum Westwood

鳞翅目 Lepidoptera 大蚕蛾科 Saturniidae

▲成虫　江建国　摄

▲雌成虫腹面　章星武　摄

▲幼虫　汪宣振　摄

▲茧　汪宣振　摄

◎【识别特征】

　　雌成虫体长 32～35 毫米,翅展 100～115 毫米,雄成虫略小。体翅灰褐色,前翅基部暗褐色,外侧有一褐色条纹,条纹内缘略呈紫红色;翅中央有一眼状纹,翅顶角外侧有紫红色纹两条,内侧有黑褐色短纹两条;外横线棕色、双锯齿形;翅外缘黄褐色,其内侧有白色条纹。后翅与前翅略同。

68. 葡萄天蛾
Ampelophaga rubiginosa rubiginosa Bremer et Grey

鳞翅目 Lepidoptera 天蛾科 Sphingidae

▲成虫 阮建军 摄 　　　　　　　　　　　　▲成虫 顾勇 摄

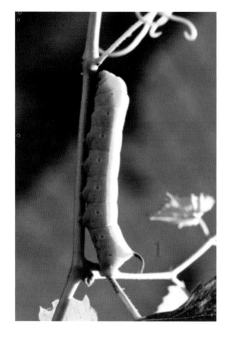

▲ 1.中龄幼虫　2.老熟幼虫　3.蛹　丁强 摄

◎【识别特征】

　　成虫体长约45毫米,翅展约90毫米,体肥大呈纺锤形,体翅茶褐色,背面色暗,腹面色淡,近土黄色。体背中央自前胸到腹端有1条灰白色纵线,复眼后至前翅基部有1条灰白色较宽的纵线。复眼球形较大,暗褐色。触角短栉齿状,背侧灰白色。前翅各横线均为暗茶褐色,中横线较宽,内横线次之,外横线较细呈波纹状,前缘近顶角处有一暗色三角形斑,斑下接亚外缘线,亚外缘线呈波状,较外横线宽。后翅周缘棕褐色,中间大部分为黑褐色,缘毛色稍红。翅中部和外部各有1条暗茶褐色横线,翅展时前、后翅两线相接,外侧略呈波纹状。

69. 杨扇舟蛾
Clostera anachoreta Fabricius

鳞翅目 Lepidoptera 舟蛾科 Notodontidae

▲ 1. 雌成虫　2. 雄成虫　丁强　摄

▲卵块　丁强　摄

▲初孵幼虫　丁强　摄

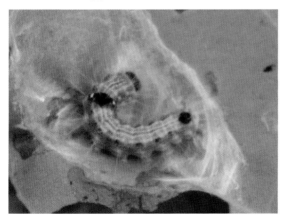

▲中龄幼虫　吕华　摄

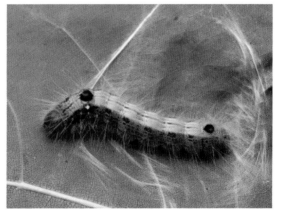

▲老熟幼虫　喻卫国　摄

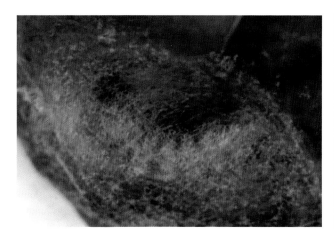

▲预蛹　丁强　摄

▲蛹　丁强　摄

◎【识别特征】

　　成虫体长 13～20 毫米,翅展 28～42 毫米。体灰褐色。头顶有一个椭圆形黑斑。臀毛簇末端暗褐色。前翅灰褐色,扇形,有灰白色横带 4 条,前翅顶角处有一个暗褐色三角形大斑,顶角斑下方有一个黑色圆点。外横线通过扇形斑一段呈斜伸的双齿形,外衬 2～3 个黄褐带锈红色斑点。亚端线由一列脉间黑点组成,其中以 2～3 脉间一点较大而显著。

70. 杨小舟蛾
Micromelalopha troglodyta Graeser

鳞翅目 Lepidoptera 舟蛾科 Notodontidae

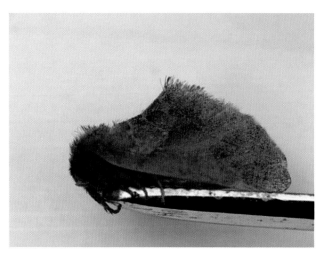

▲成虫　丁强　摄

▲成虫　罗智勇　摄

▲卵　汪成林　摄

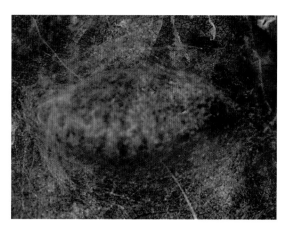

▲各龄幼虫　丁强　摄

▲老熟幼虫　丁强　摄

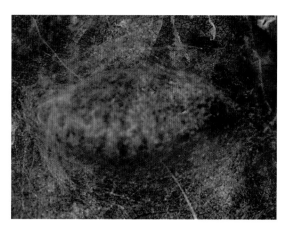

▲预蛹　丁强　摄

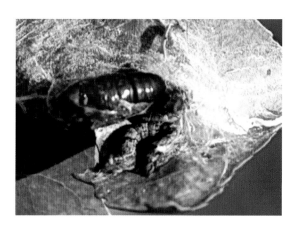

▲蛹　丁强　摄

▲越冬蛹　丁强　摄

◎【识别特征】

　　成虫体长 11～14 毫米，翅展 24～26 毫米。体色变化较多，有黄褐、红褐和暗褐等色。前翅有 3 条具暗边的灰白色横线，内横线似 1 对小括号"（）"，中横线像"八"字，外横线呈倒"八"字的波浪形。横脉为一小黑点。后翅臀角有一褐色或红褐色小斑。

71. 仁扇舟蛾
Clostera restitura Walker

鳞翅目 Lepidoptera 舟蛾科 Notodontidae

▲雌成虫　江建国　摄　　　　　　　　▲雄成虫　江建国　摄

▲卵　江建国　摄　　　　　　▲1. 低龄幼虫　2. 老熟幼虫　江建国　摄

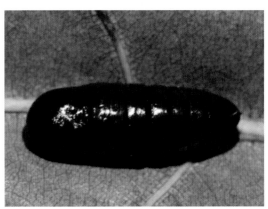

▲预蛹(箭头所指为寄生蜂)　丁强　摄　　　　　▲蛹　江建国　摄

◎【识别特征】

　　翅展雌成虫 23～28 毫米,雄成虫 32～36 毫米。下唇须棕色到暗棕褐色。身体灰褐色到暗灰褐色;头顶到胸背中央黑棕色。前翅灰褐色到暗灰褐色,顶角斑扇形,红褐色;3 条灰白色横线具暗边。

72. 分月扇舟蛾
Clostera anastomosis Linnaeus

鳞翅目 Lepidoptera 舟蛾科 Notodontidae

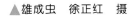

▲雄成虫 徐正红 摄

▲成虫 肖德林 摄

▲卵

▲低龄幼虫 杨毅 摄

▲老熟幼虫 丁强 摄

▲蛹、蛹壳 徐正红 摄

◎【识别特征】

　　体长 12～18 毫米,翅展 27～46 毫米。体翅灰褐色,头顶和胸背中央黑棕色。前翅 3 条灰白色横线,扇形斑模糊,红褐色,亚外缘线由 1 列黑点组成,横脉纹圆形、暗褐色,中央有一灰白色线把圆斑横割成两半。

73. 杨二尾舟蛾
Cerura menciana Moore

鳞翅目 Lepidoptera 舟蛾科 Notodontidae

▲雌、雄成虫　丁强　摄

▲卵块　丁强　摄

▲初孵幼虫　丁强　摄

▲中龄幼虫　丁强　摄

▲老熟幼虫　丁强　摄

▲越冬茧壳　丁强　摄

▲蛹　丁强　摄

◎【识别特征】

　　成虫体长 28～30 毫米,翅展 75～80 毫米,全体灰白色。前、后翅脉纹黑色或褐色,上有整齐的黑点和黑波纹,纹内有 8 个黑点。后翅白色,外缘有 7 个黑点。卵赤褐色,馒头形,直径约 3 毫米。幼虫体长约 50 毫米,前胸背板大而坚硬,后胸背面有角形肉瘤。1 对臀足退化成长尾状,其上密生小刺,末端赤褐色。

74. 栎黄掌舟蛾
Phalera assimilis Bremer et Grey

鳞翅目 Lepidoptera 舟蛾科 Notodontidae

▲雌成虫 肖云丽 摄

▲成虫 卢宗荣 摄

▲卵 江建国 摄

▲低龄幼虫 罗智勇 摄

▲中龄幼虫 杨勤跃 摄

▲老熟幼虫 汪宣振 摄

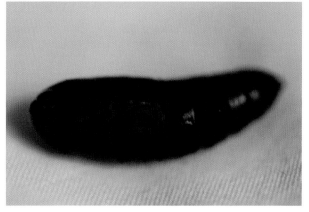

▲蛹 江建国 摄

◎【识别特征】

成虫翅展44～55毫米,体长20～25毫米。体黄褐色,头顶黄色,胸背前半部黄褐色。前翅灰褐色,顶角有一淡黄色的掌形斑,斑内缘具红棕色边,翅中央有一肾形环状纹,基线、内线、外缘线呈波浪状,黑色。

75. 黄二星舟蛾
Euhampsonia cristata Butler

鳞翅目 Lepidoptera 舟蛾科 Notodontidae

▲雌成虫 肖云丽 摄　　　　▲雄成虫 王立华 摄

▲卵块 丁强 摄　　▲低龄幼虫 丁强 摄　　▲老熟幼虫 陈亮 摄

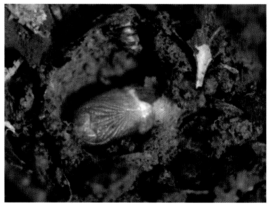

▲预蛹 陈亮 摄　　　　▲蛹室、蛹 丁强 摄

◎【识别特征】

　　成虫黄褐色,胸部背面有冠形毛簇。雌成虫触角线形,雄成虫双栉齿状。前翅有 2 条深褐色横纹,横脉纹由 2 个大小相同的黄色圆点组成。幼虫虫体浅绿色。腹部末节后方有黄、红两色条纹。

76. 栎粉舟蛾
Fentonia ocypete Bremer

鳞翅目 Lepidoptera 舟蛾科 Notodontidae

▲成虫 肖云丽 摄

▲幼虫 鲁珍珍 摄

▲中龄幼虫 姚运州 摄

▲老熟幼虫 罗智勇 摄

◎【识别特征】

　　成虫体长18~25毫米,翅展45~58毫米。前翅暗灰褐色,无顶角斑;外线双道,内方一条近前缘外拱,外方一条外衬灰白色边;横脉处有一灰黄色圆点,该圆点与外线间有一大黑褐色斑。雄成虫触角栉齿状,末端2/5呈线形。雌成虫触角丝状,黑色。

77. 苹掌舟蛾
Phalera flavescens Bremer et Grey

鳞翅目 Lepidoptera 舟蛾科 Notodontidae

▲成虫 王立华 摄　　　　　　　　　▲成虫 孙君伟 摄

▲中龄幼虫 罗智勇 摄　　　　　　　▲老熟幼虫 罗智勇 摄

▲成虫

◎【识别特征】

　　成虫体长 22～25 毫米，翅展 49～52 毫米，头胸部淡黄白色，腹背雄成虫黄褐色，雌成虫土黄色，末端均淡黄色，复眼黑色球形。触角黄褐色，丝状，雌成虫触角背面白色，雄成虫各节两侧均有微黄色绒毛。前翅银白色，近基部着生 1 个长圆形斑，外缘有 6 个椭圆形斑，横列成带状，各斑内端灰黑色，外端茶褐色，中间由黄色弧线隔开；翅中部有淡黄色波浪状线 4 条；顶角上具 2 个不明显的小黑点。

78. 松丽毒蛾(松茸毒蛾)
Calliteara axutha Collenette

鳞翅目 Lepidoptera 毒蛾科 Lymantriidae

▲成虫　肖艳华　摄　　　　　　　▲成虫　严敖金　摄

▲老熟幼虫　丁强　摄　　　　　　▲蛹　丁强　摄

◎【识别特征】

　　雌成虫翅展 51～59 毫米，雄成虫 38～40 毫米。头、胸、腹部暗白灰色带褐棕色。触角栉齿状，干白灰色带暗棕色，栉齿黄褐色。下唇须黄棕色，外侧上半色深，足暗白灰色带褐棕色，胸下面褐黑色。前翅暗白灰色带暗棕色，亚基线褐黑色，锯齿状折曲，内横线双线，褐黑色，微波浪形，横脉纹新月形，边黑褐色。

79. 杨毒蛾(杨雪毒蛾)
Leucoma candida Staudinger

鳞翅目 Lepidoptera 毒蛾科 Lymantriidae

▲成虫　　　　　　　　　　　　　　▲雌、雄成虫　丁强　摄

▲卵块　吴文科　摄　　　　　　　　▲低龄幼虫　罗先祥　摄

▲老熟幼虫　江建国　摄　　　　　　▲蛹　吴文科　摄

◎【识别特征】

　　成虫体长约 20 毫米,翅展雌成虫 45～60 毫米,雄成虫 32～38 毫米。全体白色,具丝绢光泽。触角主干黑色,有灰白色环节。足的胫节和跗节生有黑白相间的环纹。

80. 侧柏毒蛾（柏毛虫）
Parocneria furva Leech

鳞翅目 Lepidoptera 毒蛾科 Lymantriidae

▲雌成虫

▲雄成虫

▲成虫　朱杰波　摄

▲老熟幼虫　余红波　摄

▲蛹　余红波　摄

◎【识别特征】

　　成虫体褐色，体长 14～20 毫米，翅展 17～33 毫米。雌成虫触角灰白色，呈短栉齿状。前翅浅灰色，翅面有不显著的齿状波纹，近中室处有一暗色斑点，外缘较暗，布有若干黑斑，后翅浅黑色，带花纹。雄成虫触角灰黑色，羽毛状，体色较雌成虫深，近灰褐色，前翅花纹完全消失。

81. 茶黄毒蛾
Euproctis pseudoconspersa Strand

鳞翅目 Lepidoptera 毒蛾科 Lymantriidae

▲成虫　　　　　　　　　　　　▲3 龄幼虫

▲成虫　余小军　摄　　　　　　▲雄成虫　王立华　摄

▲卵块　余小军　摄　　　　　　▲低龄幼虫　姚青　摄

▲中龄幼虫　高嵩　摄

▲老熟幼虫　刘刚　摄

◎【识别特征】

　　雌成虫体长 10～12 毫米,翅展 30～35 毫米。体黄褐色。前翅橙黄色或黄褐色,中部有 2 条黄白色横带,除前缘、顶角和臀角外,翅面满布黑褐色鳞片,顶角有 2 个黑斑点。后翅橙黄色或淡黄褐色,外缘和缘毛黄色。腹部末端有成簇黄毛。雄成虫体长约 10 毫米,翅展 20～26 毫米。体、翅色泽随世代不同而异:第 1 代黑褐色,第 2、3 代多为黄褐色或橙黄色,少数为黑褐色。前翅中部亦有 2 条横带,顶角有 2 个黑斑。后翅色泽同前翅。

82. 纹灰毒蛾
Lymantria umbrifera Wileman

鳞翅目 Lepidoptera 毒蛾科 Lymantriidae

▲雌成虫　张叔勇　摄

▲雄成虫

▲卵块 张叔勇 摄

▲幼虫 甄爱国 摄

▲预蛹 张叔勇 摄

▲蛹 张叔勇 摄

◎【识别特征】

成虫翅展 32～50 毫米,雄成虫前翅灰褐色,中室端有 1 个圆形的斑点,横脉具一条"L"形斑纹,雌成虫前翅灰白色,斑纹较疏,色泽较浅。

83. 刚竹毒蛾
Pantana phyllostachysae Chao

鳞翅目 Lepidoptera 毒蛾科 Lymantriidae

▲雌成虫　江建国　摄

▲雄成虫　丁强　摄

▲卵　江建国　摄

▲低龄幼虫　郭先梅　摄

◎【识别特征】

　　雌成虫体长约13毫米,翅展约36毫米。体灰白色,复眼黑色,下唇区黄色或黄白色,触角栉齿状,灰黑色。胫板和刚毛簇淡黄色。前翅淡黄色,前缘基半部边缘黑褐色,横脉纹为1黄褐色斑,翅后缘接近中央有1橙红色斑,缘毛浅黄色。后翅淡白色,半透明。雌、雄相似,但雄成虫体色较深,翅展约32毫米。触角羽毛状。前翅浅黄色,前缘基部边缘黄褐色,内缘近中央有1橙黄色斑,后翅淡黄色,后缘色较深,前后翅反面淡黄色。足浅黄色,后足胫节有1对距。

▲中龄幼虫　王建敏　摄　　　　　　　▲老熟幼虫　汪宣振　摄

▲茧　江建国　摄　　　　　　　　　　▲蛹　姚青　摄

84. 美国白蛾
Hyphantria cunea Drury

鳞翅目 Lepidoptera 毒蛾科 Lymantriidae

▲第1代雌成虫　陈肆　摄　　　　　　▲越冬代雄成虫　陈肆　摄

▲第1代雄成虫腹面　丁强　摄

▲卵块和成虫　陈肆　摄

▲低龄幼虫　陈肆　摄

▲低龄幼虫缀网　靳觐　摄

▲老熟幼虫　黄大勇　摄

▲越冬蛹 黄大勇 摄

▲越冬场所 黄大勇 摄

◎【识别特征】

中型蛾类,雌、雄体长分别为 12～15 毫米、9～12 毫米,翅展分别为 33～44 毫米、23～34 毫米。体纯白色,越冬代雄成虫的前翅有许多排列不规则的黑斑,少数雌虫有 1 至数个黑斑。复眼黑褐色;雌虫触角锯齿状,褐色;雄虫双栉齿状,黑色。前足的基部、腿节橘黄色;胫节、跗节内侧白色,外侧大部黑色。中、后足的腿节黄白色,胫节、跗节上有黑斑。雄性外生殖器抱器瓣半月牙形,中部有一突起,突起的端部较尖,阳茎基环梯形,阳茎端膜具微刺。

85.苎麻夜蛾
Arcte coerula Guenee

鳞翅目 Lepidoptera 毒蛾科 Lymantriidae

▲成虫 彭泽洪 摄

▲成虫 罗祥 摄

▲中龄幼虫　付应林　摄

▲老熟幼虫　徐正红　摄

◎【识别特征】

　　成虫体长 20～30 毫米，翅展 50～70 毫米，体、翅茶褐色。前翅顶角具近三角形褐色斑；基线、外横线、内横线波状或锯齿状，黑色；环状纹黑色，小点状；肾状纹棕褐色，外具断续黑边；外缘具 8 个黑点。后翅生青蓝色略带紫光的 3 条横带。

86. 杉梢花翅小卷蛾(杉梢小卷蛾)
Lobesia cunninghamiacola Liu et Bai

鳞翅目 Lepidoptera 卷蛾科 Tortricidae

▲幼虫　丁强　摄

▲蛹　丁强　摄

▲受害状　周勇　摄

◎【识别特征】

　　成虫体长 4.5～6.5 毫米,翅展 12～15 毫米。触角丝状,各节背面基部杏黄色,端部黑褐色;下唇须杏黄色,向前伸,第 2 节末端膨大,外侧有褐色斑,末节略下垂。前翅深黑褐色,基部有 2 条平行斑,向外有"X"形条斑,沿外缘还有 1 条斑,在顶角和前缘处分为三叉状,条斑均呈杏黄色,中间有银条;后翅浅褐黑色,无斑纹,前缘部分浅灰色。前、中足黑褐色,胫节有灰白色环状纹 3 个;后足灰褐色,有 4 个灰白色环状纹。

87. 水杉色卷蛾
Choristoneura metasequoiacola Liu

鳞翅目 Lepidoptera 卷蛾科 Tortricidae

▲成虫　余学武　摄

▲低、中龄幼虫　俞学武　摄

▲老熟幼虫　俞学武　摄

▲吐丝缀叶化蛹　俞学武　摄

▲吐丝缀叶蛹　俞学武　摄

▲吐丝缀叶化蛹、蛹　俞学武　摄

◎【识别特征】

　　翅展：雌成虫约 18 毫米，雄成虫约 16 毫米。下唇须前伸，末节端部略向下垂。雄蛾无前缘褶。头、胸、腹部密被有金属光泽的深棕色鳞片；前翅只能隐约看到断续的棕褐色中带；基斑和端纹都不明显；网状纹也多不明显。后翅鳞片呈棕褐色，缘毛棕黄色。雌性外生殖器后阴片有凹陷；交配孔形成倾斜开口，因而明显外露；囊突一枚，呈长角状。雄性外生殖器爪形突呈球棒状，直插入尾突基部，抱器腹伸到边缘，末端有游离尖突，阳茎末端光滑，有尖钩 1 枚，阳茎针 8 枚。

88. 银杏超小卷叶蛾
Pammene ginkgoicola Liu

鳞翅目 Lepidoptera 卷蛾科 Tortricidae

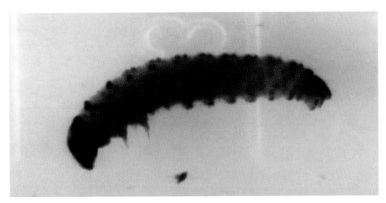

▲幼虫　付应林　摄

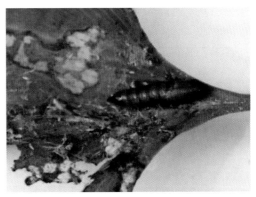

▲蛹　付应林　摄

▲受害状　江建国　摄

▲受害状　付应林　摄

◎【识别特征】

　　成虫体长约 5 毫米,翅展约 12 毫米,体黑色,头部淡灰褐色,腹部黄褐色。下唇须向上伸展,灰褐色,第 3 节很短。前翅黑褐色,前缘自中部至顶角有 7 组较明显的白色沟状纹,后缘中部有一白色指状纹;翅基部有稍模糊的 4 组白色沟状纹。肛纹明显,黑色 4 条,缘毛暗黑色。后翅前缘色浅,外围褐色。雌性外生殖器的产卵瓣略呈棱形,两端较窄;囊突 2 枚,呈粗齿状。雄性外生殖器的抱器长形,中间具颈部。

89. 咖啡木蠹蛾(咖啡豹蠹蛾)
Polyphagozerra coffeae Nietner

鳞翅目 Lepidoptera 木蠹蛾科 Cossidae

▲成虫　阮建军　摄

▲雄成虫　丁强　摄

▲幼虫　阮建军　摄

◎【识别特征】

　　雌成虫体长 20～23 毫米,翅展 40～45 毫米,触角丝状。雄成虫体长 17～20 毫米,翅展 35～40 毫米,触角基部双栉齿状,端部丝状。全体灰白色,前翅散生大小不等的蓝黑色斜纹斑点。后翅外缘有 8 个蓝黑色斑点,中部有一个较大的铜色斑点,胸部背面有 3 对近圆形的蓝黑色斑纹,腹部背面各节有 3 条斑纹,两侧各有 1 个圆斑。

90. 竹笋禾夜蛾
Oligia vulgaris Butler

鳞翅目 Lepidoptera 夜蛾科 Noctuidae

▲成虫　伍兰芳　摄

▲幼虫　阮建军　摄

▲成虫

▲蛹　王建敏　摄

◎【识别特征】

　　雌成虫体长 17～21 毫米,翅展 38～43 毫米;雄成虫体长 14～19 毫米,翅展 32～40 毫米。头部及胸部黄褐色,颈板、翅基片黑棕色;腹部淡褐灰色。前翅淡褐色,基部有一大褐斑,亚端区前缘有一漏斗形大褐斑,基线褐色,从褐斑中穿过,内线双线褐色,波浪形,环纹及肾纹黄白色,肾纹外缘白色,中线粗、锯齿形、褐色,后端与外线相接,外线黄白色、锯齿形,齿尖为褐色和白点,肾纹与外线之间有明显褐斑,亚端线黄白色,端线为一列黑棕色长点,亚端线与端线间的后半带棕色;后翅褐色,基部微黄。足深灰色。

91. 梨剑纹夜蛾
Acronicta rumicis Linnaeus

鳞翅目 Lepidoptera 夜蛾科 Noctuidae

▲雌成虫　肖云丽　摄

▲老熟幼虫　曾令红　摄

◎【识别特征】

　　成虫体长约14毫米,翅展32～46毫米。头部及胸部棕灰色杂黑白毛;额棕灰色,有一黑条;跗节黑色间以淡褐色环;腹部背面浅灰色带棕褐色,基部毛簇微带黑色;前翅暗棕色间以白色,基线为一黑色短粗条,末端曲向内线,内线为双线黑色波曲,环纹灰褐色黑边,肾纹淡褐色,半月形,有一黑条从前缘脉达肾纹,外线双线黑色,锯齿形,在中脉处有一白色新月形纹,亚端线白色,端线白色,外侧有一列三角形黑斑,缘毛白褐色;后翅棕黄色,边缘较暗,缘毛白褐色。

92. 曲纹紫灰蝶
Chilades pandava Horsfield

鳞翅目 Lepidoptera 灰蝶科 Lycaenidae

▲成虫　李传仁　摄

▲雌、雄成虫　张叔勇　摄

▲卵

▲幼虫　鄢超龙　摄

◎【识别特征】

　　成虫翅展 22～29 毫米。翅正面以灰、褐、黑等色为主,有金属光泽,两翅正反面的颜色及斑纹截然不同,反面的颜色丰富多彩,斑纹变化多样。雄蝶翅正面呈蓝灰白色,外缘灰黑色;雌蝶呈灰黑色。前翅外缘黑色,后翅外缘有细的黑白边,前翅亚外缘有 2 条黑白色的灰色带,后中横斑列具白边,中室端纹棒状。后翅有 2 条带,内侧有新月纹白边,翅基有 3 个黑斑,都有白圈,尾突细长,端部白色。

93. 宽边黄粉蝶
Eurema hecabe Linnaeus

鳞翅目 Lepidoptera 粉蝶科 Pieridae

▲成虫　顾勇　摄

▲成虫

▲幼虫、预蛹、蛹

◎【识别特征】

雌成虫体长 13.6～18.6 毫米，翅展 36.2～51.6 毫米。雄成虫体长 12.5～17.6 毫米，翅展 35.5～49.2毫米。触角短，棒状部黑色。翅深黄色到黄白色。前翅前缘黑色，外缘有宽的黑色带，从前缘直到后角。雄蝶色深，中室下脉两侧有长形性斑。后翅外缘黑带窄而界限模糊，或仅有脉端斑点。前翅反面满布褐色小点，前翅中室内有 2 个斑，中室的端脉上有 1 个肾形斑。后翅反面有分散的小点，中室端有 1 条肾形纹。

94. 毛笋泉蝇
Pegomyia phyllostachys Fan

双翅目 Diptera 花蝇科 Anthomyiidae

▲成虫

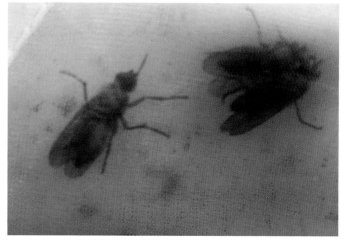

▲成虫　王建敏　摄

◎【识别特征】

成虫长 5～7 毫米，额带黑色，复眼紫褐色，单眼 3 个，橙黄色。胸部背面有 3 条深色纵纹，翅透明，翅脉淡黄色。中、后足黄褐色，中、后足腿节及胫节橙黄色，基节及跗节灰褐色。体两侧纵带呈断续状，并各着生一列粗刺毛，每列 5 根，腹末尖削，产卵管针状，黑褐色。

▲幼虫 伍兰芳 摄

▲幼虫 王建敏 摄

95. 栗瘿蜂
Dryocosmus kuriphilus Yasumatsu

膜翅目 Hymenoptera 瘿蜂科 Cynipidae

▲栗瘿蜂

▲成虫(显微照) 丁强 摄

▲虫瘿 宋超 摄

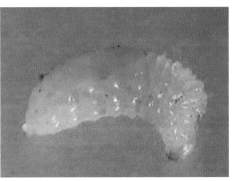

▲幼虫(显微照) 丁强 摄

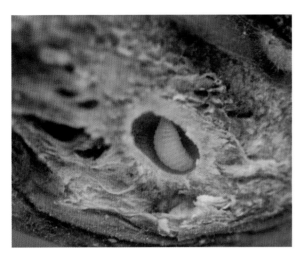

▲幼虫 丁强 摄

◎【识别特征】

　　成虫体长2~3毫米,翅展4.5~5.0毫米,黑褐色,有金属光泽。头短而宽。触角丝状,基部两节黄褐色,其余为褐色。胸部膨大,背面光滑,前胸背板有4条纵线。两对翅白色透明,翅面有细毛。前翅翅脉褐色,无翅痣。足黄褐色,有腿节距,跗节端部黑色。产卵管褐色。成虫营孤雌生殖。

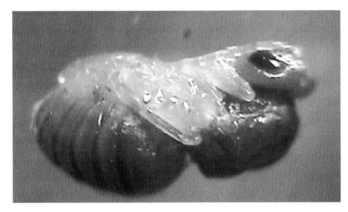

▲蛹 丁强 摄

▲羽化后的瘿瘤 肖艳华 摄

▲受害状 丁强 摄

96. 杨扁角叶蜂(杨直角叶蜂)
Stauronematus compressicornis Fabricius

膜翅目 Hymenoptera 叶蜂科 Tenthredinidae

▲雌、雄成虫 丁强 摄

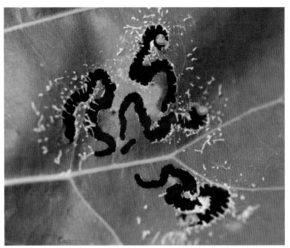
▲低龄幼虫 江建国 摄

▲老熟幼虫 丁强 摄

◎【识别特征】

雌成虫体长 7～8 毫米,雄成虫体长 5～6 毫米。黑色,有光泽,被稀疏白色短绒毛。触角褐色,侧扁,第 3 节至第 8 节各节端部下面加宽,呈角状。前胸背板、翅基片、足黄色,后胫节及跗节尖端黑色。翅透明,翅痣黑褐色,翅脉淡褐色。爪内、外齿平行,基部膨大,为一宽基叶。

97. 鞭角华扁叶蜂
Chinolyda flagellicornis Smith

膜翅目 Hymenoptera 扁蜂科 Pamphiliidae

▲成虫　田宗伟　摄

▲卵　田宗伟　摄

▲幼虫　田宗伟　摄

◎【识别特征】

　　雌成虫体长 11.5～14.5 毫米,翅展 23.5～28.5 毫米;雄成虫体长 10.5～13.5 毫米,翅展 21～24 毫米。雌雄单眼三角区和中胸基胸片均呈黑色。雌成虫中胸前侧腹片、雄颈片、前基腹片、前盾片和中胸盾片均为黑色,体其他部位均呈红褐色。足红色。触角通常 28～33 节,眼后头部不缢缩,鞭节扁而粗。翅半透明,黄色,前端约 1/3 处灰褐色;翅痣黑色,基部黄色。头部有细小刻点。

98. 落叶松红腹叶蜂
Pristiphora erichsonii Hartig

膜翅目 Hymenoptera 叶蜂科 Tenthredinidae

▲成虫　龚天奎　摄

▲低龄幼虫　龚天奎　摄　　　　　　　　　▲老熟幼虫　俞学武　摄

◎【识别特征】

雌成虫体长 6.1～6.5 毫米。体黑色,有光泽。触角黑色;端部及下方淡褐色。上颚基部黑色,端部褐色。上唇、唇基前缘、前胸背板后缘、翅基片、腹部第 9 背板均淡黄色,其余部分均黑色。足基节基部黑色,腿节中段、胫节端部、跗节端部均淡黑色,其余淡黄色。翅透明,翅脉淡黄褐色,翅痣淡黄色。雄成虫体长 4.8～5.6 毫米,全身黑色。其余与雌成虫相同。

▲1.茧 2.蛹 龚天奎 摄

99.厚朴枝角叶蜂
Cladiucha magnoliae Xiao

膜翅目 Hymenoptera 叶蜂科 Tenthredinidae

▲成虫 卢宗荣 摄

▲成虫 江建国 摄

◎【识别特征】

雌成虫体长13.5～14.5毫米,漆黑色,有光泽。触角锯齿状,黑色,前段腹面感受器白色;头黑色,唇基和上唇白色,下唇须黑褐色;胸部黑色,前胸背板后侧边缘有白色小斑。腹部黑色,第1节背板侧面有大白斑。足黑色,转节间断,基节外侧有一几乎贯穿外侧的狭长侧线。翅面、翅脉和翅痣黑色,略具光泽。雄成虫体长10～11毫米,唇基边缘黑色;触角栉齿状;各节小枝为该节长的4倍;前胸基板后基节黑色,仅后胫节基部背面有白黄色小斑。其他特征同雌成虫。

▲初孵幼虫　龚天奎　摄　　　　　　　　　▲中龄幼虫　丁强　摄

▲老熟幼虫　王祥明　摄　　　　　　　　　▲预蛹　江建国　摄

100.中华锉叶蜂
Pristiphora sinensis Wang

膜翅目 Hymenoptera 叶蜂科 Tenthredinidae

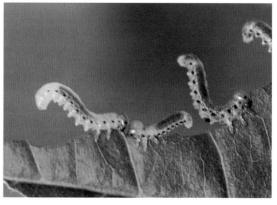

▲成虫　付应林　摄　　　　　　　　　　　▲幼虫　付应林　摄

◎【识别特征】

　　成虫体较短粗。雌成虫体长约 7 毫米,翅展约 17 毫米;雄成虫体长约 6 毫米,翅展约 15 毫米。触角丝状,9 节。前胸背板后缘深凹入,两端接触肩板。前翅有短粗的翅痣,前足胫节有 2 端距。产卵器扁,锯状。

101. 樟中索叶蜂(樟叶蜂)
Mesoneura rufonota Rohwer

膜翅目 Hymenoptera 叶蜂科 Tenthredinidae

▲成虫 汪宣振 摄

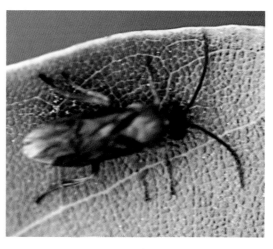

▲成虫 江建国 摄

▲低龄幼虫 罗智勇 摄

▲幼虫 张建华 摄

◎【识别特征】

　　雌成虫体长 7～10 毫米,翅展 18～20 毫米;雄成虫体长 6～8 毫米,翅展 14～16 毫米。头黑色,触角丝状,共 9 节,基部二节极短,中胸发达,棕黄色,后缘呈三角形,上有“X”形凹纹。翅膜质透明,脉明晰可见。足浅黄色,腿节大部分、后胫和跗节黑褐色。腹部蓝黑色,有光泽。

102. 桦三节叶蜂
Arge pullata Zaddach

膜翅目 Hymenoptera 三节叶蜂科 Argidae

▲雌、雄成虫 华祥 摄

▲卵粒 陈亮 摄

▲幼虫 陈亮 摄

▲初孵幼虫 陈亮 摄

▲茧 陈亮 摄

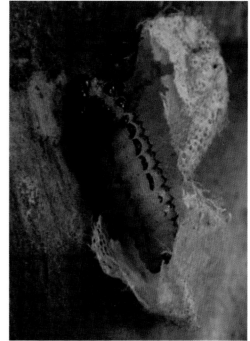

▲蛹 华祥 摄

◎【识别特征】

体长 8～12 毫米,蓝黑色,有光泽。触角黑色,3 节。第 3 节长,内侧密生短毛。触角茎部之间有一"Y"形突起。单眼 3 个,位于触角后方,暗褐色,呈三角形排列。前、后翅淡紫色,膜质透明,翅脉黑褐色。

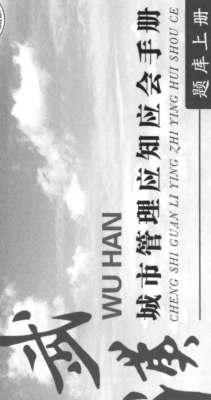

武汉市城市管理应知应会手册　（五）　题库上册　武汉市城市管理执法委员会

武汉市城市管理应知应会手册

（题库上册）

武汉市城市管理执法委员会

WU HAN SHI CHENG SHI GUAN LI ZHI FA WEI YUAN HUI